数学应用漫画

# 冒险岛
# 数学秘密日记 2

## 被美狐利用的雅琳

杜勇俊／著

九州出版社
JIUZHOUPRESS

出场人物
美狐
长尾巴的美女狐仙，在寻找一颗融合了“自然之力”的宝石。
陆晨荷
小学四年级女生。父亲在国外工作，她与母亲一起生活。在偶遇黑猫少年尼路后，她开始对生活充满梦想。
上集梗概
“晨荷啊，这个世界上每个生命体都有一颗守护宝石，要爱护你的宝石，让它给周围的所有人都带来光明。”11岁的平凡少女陆晨荷在学校门口救下了一只被欺负的可怜的小猫咪，心灵纯洁的少女流下的眼泪让黑猫少年尼路觉醒了。此后，晨荷被卷入了一场突如其来的事件当中……美狐和X君找到了晨荷的学校，他们的目的是什么呢？
朱雨菲
晨荷最要好的朋友，经常帮助晨荷。

尼路
会说话的黑猫少年。被晨荷点化后，化为少年的模样。拥有水之力量。
章雅琳
晨荷的同班同学。妒忌心很强，对在同学中人缘超好的晨荷心生嫉妒。后被美狐利用做坏事。
江道云
转学到晨荷班的新生，和晨荷成了好朋友。他的数学非常好，经常帮助晨荷学习数学。

# 目录

# 第2卷 加法与减法的关系

## 被美狐利用的雅琳

**本卷学习内容**

加法与减法是数学中最基础的概念。学习加法与减法的过程中，会慢慢掌握数与运算符号的使用方法。

加法与减法也是日常生活中用得最多的计算方法。认识需要加法与减法运算的场景，并使用相应的运算方法解决问题，培养数学的生活运用能力。

第1话

# 晨荷家中发生的事

学习主题：两位数加减法

*平凡：平常；不稀奇。

正帅气的是这个！来
宝石精灵的巨大力
！这才是真实的啊！
拿出

怎么样？再一次看到还是很帅吧？
啊哈哈！

我就是他们口中说的宝石精灵。
是很帅呢！
是吧？为了拍这张照片，我可是费了好大的劲儿呢！

还遇到了一个外形像狐狸的非常强大的敌人……

终于找到他们了。吼吼——

可以报上次的仇了，我们动手吧。
不可以，白天我们的力量没有那么强。

而且，她的力量……

啊呃！一想到这个女孩子我就生气，如果不是她，那天早就抢到尼路的宝石了！
握
拳
给！生气的时候还是吃棒棒糖吧。
掏出扔
哼
哼！

既然现在没办法赢过他们，那我们就换个方法。
换一个更有趣的方法。

在此之前，我们先不要暴露自己。
真是期待呢。
消
失

叮铃
铃铃
哇！放学啦！

晨荷，今天我们继续一起学习数学好吗？
好！
竖起
我也要一起！

雅琳啊，你也一起学习数学好吗？
不，我不。

嗯，好啊。
不如我们弄一个学习小组吧，怎么样？
怎么都这么积极？
嗯……

那就去我家吧，我家近！
哇，好啊。

道云你也一起去吧？
呃……

去晨荷家？
惊
嗯，嗯。

什么？大家都
要去晨荷家？

那我们快
出发吧！
我要跟去
看看……

我家有好多数学
习题册。
你到底买了
多少本啊？
哈哈
哈——
悄悄

我只是不想一个
人玩而已。
我、我可不是
因为想去才偷
偷跟着的。

这就是我家了。
妈妈我回来啦！今天有几个同学来家里。
阿姨好！
你们好！快进来吧！

我们去我的房间学习。
好的，去吧！我给你们做点心吃。
吼吼

咳、咳……
晨荷的房间。
好久没来你家了。

坐吧。
呃！我在书包里一整天了，憋坏了。

不能忍了！
啪
什么东西？啊！

落
啊！

这只猫，就是那天见到的那只吗……
这是怎么回事，这只猫为什么在晨荷的书包里？

呃——怎么办呀，总不能告诉他们尼路出现后我就成了宝石精灵吧……
……

一时没找到它的主人，所以我就把它带回家里来养了。它的名字叫尼路。哈哈哈——
原来是这样啊。

摇尾巴

太好了，我最近做了一些猫咪的衣服放在书包里，正好给尼路试试！
星星眼
汗

抓住了！
乱哄哄
嗷嗷嗷嗷嗷——
干得漂亮……可以看好戏了，吼吼吼。

哇，太可爱了！
沙拉拉
呼噜噜
我给它拍些照片吧？
噗哈哈，多拍一些！
嗷嗷——
嗷——
啊！尼路跑了。
呜哒哒
尼路！你要去哪里呀？
抓紧
嗷嗷——
嗷嗷——
挣扎
挣扎
孩子们，来吃点心吧。
怎么最近总听到猫咪的声音呢……
坏了！尼路被妈妈发现了。

喵呜——
闪耀
闪耀
天啊！好可爱的猫咪！还穿了衣服啊？
嗯！阿姨，这是我做的衣服。

雨菲做的衣服很好呢！哎呦，太可爱了！
嘿嘿——
妈妈看起来很喜欢尼路呢，万幸万幸。

哇！点心啊！我要开吃了……

啪嗒

呃哎
啊！好硬，嚼不动啊。
呃哎哎
果然。
天啊！

好像烤得过火了。哦吼吼吼——
哈哈哈！

啪嗒
家里还有一些买来的点心，我去取！
嗯——
我们开始学习吧。
我有昨天做了一部分的习题册，我做那个。
好，晨荷把你买的习题册给我看看。
嗯。

等一下哦。
翻来
找去
都在这里了！
咣
怎么买了这么多？
习题册可不是越多越好哦！
是吗？
只要买适合你的，认真做，慢慢成绩就好了。

嗯，这本习题册对你来说正合适，你做做看吧？
好。
嗯，这道题，应该这样做……

所以呢，要用这个办法解……
左摇
右晃
晨荷啊，姿势要摆正哦。
身体这样晃来晃去，时间久了对身体不好，也不容易集中注意力。
啊，是这样啊。我都不知道我的姿势不对呢。

我要用端正的姿势学习。
噗哧——
嘎吱
嘎吱

天啊，这是
谁来了？
嗯？
快进来快进来，
吼吼吼——
好像有人来了，
我去看看？

阿姨，这段时间
您还好么？
是在真啊，你的电
视节目我一直在看
呢！吼吼吼——

晨荷啊，嗨！
我说过我会来你家找你吧？
在真哥哥！
在、在真哥哥！
我从没想过有一天会这样见到你……
啊！东方在真！
……
哥哥，没想到你真的会来呢，还这么快……
得看是和谁的约定呀，我得遵守呢。
你遵守了约定呢。
我带来了一些礼物，请阿姨和晨荷一起吃吧。
天啊，真是的。

在真，你又变帅了，长大啦！
哈哈哈——

啊，还有别的客人啊，是晨荷的好朋友吧？
嗯， 你、你好呀。
……

我们在学数学。
是吗？晨荷学习很认真啊。

不是的，我数学太弱了，朋友们来帮助我。
啊，是吗？我也觉得数学好难呢。

哥哥你也是吗？可是你学习很好啊。
那是努力学的结果啊，我刚开始的时候很吃力呢。

我的日程排得很满，几乎没有学习的时间。所以刚开始成绩非常差呢。

后来我知道这样下去肯定不行，就抓住所有空闲时间学习呢。

一边学，一边把觉得难的地方整理下来记录在笔记本上，这个方法给了我很大的帮助。
哇！真棒。

我把以前学习整理出来的笔记给你吧。
啊？真的吗？

我相信会给你的学习带来帮助的。

谢谢你，哥哥。

充满
感激

不开心

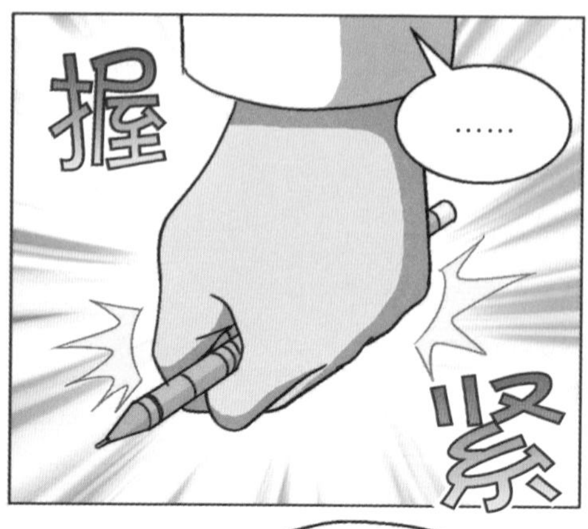
握
……
紧

下次我一定记得把笔记带过来。
好。

晨荷！你不来学习么？
惊

我们不是来学习的么？

还有，你有的是学习时间，只要平时多用功就好了。

道、道云，你……
……

我打扰你们学习了吗？快和朋友们一起去学习吧！
没、没有的，哥哥。

我下次再来吧，加油。
……
点头
嗯嗯。
我一定认真学习，不让在真哥哥小看我。

我也要努力加油，争取赶超东方在真！
打气

我先走了，
阿姨。
哎呀，这么快
就走了？

下次我再来。
慢走。
好，路上
小心啊。

这么快就走了。
不愧是明星，
长得真帅啊。
砰
……
……

转头
!!

你为什么要在在
真哥哥面前一直
催着我学习啊？
什么？
发怒

难道我还做
错了么？
哥哥那么忙，好
不容易来一趟。
你太过分了！

我觉得有问题的是你吧，难道你的生活中只有偶像吗，连朋友都不放在眼里了么？
我、我哪有？
哎呦——
那个叫东方在真的有什么了不起的！
什么？你给我道歉！
他们怎么突然吵起来了。
哎呦！
看来他们已经互相不客气了呢。怎么跟小孩子一样？
尼路啊，不管他们，我们两个玩吧？
可咣咣
咣当当
啧啧，为这么小的事儿……
惊恐
看看！这次穿什么衣服呢？
喵嗷嗷——
拿出
挣扎
挣扎

不要！
你给我道歉，快道歉！
呼噜噜
呼噜噜

喵嗷嗷嗷嗷~
咣
当
呃啊——

嗯？

别跑呀，吼吼吼。
哒哒哒
喵嗷嗷嗷嗷嗷——
嗯？嗯！
啊！又跑那边去了。
啪

喵嗷——
哒
哒

抓住它啊！
伸
手

呃啊！
咣
当

头晕
呃，
我的头——
眼花
呃啊——

……

噗哧。
噗！
你的样子
真好笑。

你更好笑好吗？
噗哈哈——
噗哈，
哈哈——
虽然有过
争吵……

但还是希望我们能
友好地相处下去。
哈哈哈哈

*一览无余：余，剩余。一眼看去，所有的景物全看见了。

可是，刚才好像有个长得像东方在真的人进去了呢，我没看错吧？

嗯，不可能的，东方在真为什么要去晨荷家啊？
摇头
摇头

发现
呀！

有人出来了，先藏起来。
开门声

咣当

真、真的是
东方在真?
长得真帅啊！

可是东方在真
为什么会去晨
荷家呢?

转头
唔!

嗯……
怦怦
怦怦

我会再来看你
们的，晨荷。

啊！

好的！
该走了。

哒哒哒

什么啊，东方
在真和晨荷也
是好朋友？

怎么回事？为什么陆晨荷人缘这么好啊？
我比晨荷漂亮，比晨荷学习好，可是为什么大家都喜欢围着晨荷转呢？

明明我能做得更好的……

啊哈哈哈——
呃！

竖耳朵
他们在笑什么？

☆¿♨
&%$#
呃呃——

一点也听不清楚啊！

呃啊——真是太好奇了，我忍不了了！

要不我现在就冲进去吧。
大家好！我路过这里就进来了。你们都在啊，哈哈哈。

咕嘟——

试试吧。
怦怦
怦怦

呃啊！有小偷！
呃啊！
当啷

*误会：错误地解读或者理解。

* 扇画片：小孩子玩的游戏，用自己的画片把别人放在地上的画片翻个个儿，别人的画片就归自己了。

我今天状态不好，让别人扇去了很多呢……

你不是还有33张呢么？

嗯，二浩你今天也有21张了吧？
嗯

嗯，你有33张，他有21张，那你们的画片加起来一共应该有54张了吧？有很多呢。

你是怎么这么快就算出来的？
我们也是刚才放一起数了一下才知道的呢。
啊？

把你们的画片按照10个一摞摆放的话，哥哥有3摞零3张，弟弟有2摞零1张。
嗯。

那么一共有5摞零4张，就是54张了。
啊！这么一看，果然不用一张一张数也能知道呢。

测试

面包店有 46 个面包和 32 瓶饮料。请算一算面包店的面包和饮料数量一共有多少？

46　　32

(　　　　　　)

▶ 答案见 39 页

呼——终于把这哥俩送走了。
哎呦

我也想和晨荷他们一起学习数学，但是他们会不会愿意呢？

可是我又不喜欢和他们一起学习。因为大家总是只关注晨荷。

喵嗷嗷嗷
嗯？
惊

喵嗷嗷嗷
这是猫的声音？

往窗户那边跑了。
咣
啊！

找到了么？
好像跑到那边角落里了？
是雨菲和晨荷？
发生了什么事？

哒
哒
呃啊！

这孩子……
呃呃！
怦怦
怦怦

尼路啊，要穿衣服啊！
突然
呃啊！

哒哒哒
啊——

呃，吓我一跳，怎么跑出来一只猫？
怦怦
怦怦

找到了么？
竖耳
没有啊，道云。你去那边找找看。
啊！

他们出来了？
转头

是他们！

这边没有啊？

啊——他们玩
得真开心啊！
怎么就没人叫
我一起玩呢？

好想跟他们
一起玩呀！

转头
转头
怎么才能加
入他们呢？

晨荷啊，那
边有么？
啊！
惊

没有，刚才好
像确实是跑到
外面来了啊？
是啊！

嘿嘿，你头发上有东西。
是么？

还有吗？
抓
抓
还有。哈哈哈哈——

等一下，别动。
挠挠
啊——

我头发上有什么呢？

呃——
他们在干什么？

好了。
拽
啊呀！

道云，你！
嘿嘿。
扑通
呃——

呀。
哈哈哈——

尼路应该一会儿就会回来的，我们进去吧。
嗯，好。

呼——

尼路会从窗户回来吧？
咣

好想和他们
一起玩！

好讨厌晨荷。

我现在一点
都不想进到
那个房子里。
抽泣
蹒跚
蹒跚

像个傻瓜
一样。
沙沙

碰
啊，对不起。

有什么事情让
你这么难过？
什么？

在这么好的
天气里。
啊——
啊，好帅啊，
好帅的哥哥。

*徘徊：在一个地方来回地走。

请不要问我和陆晨荷有关的任何问题。
眼泪
我们关系一点都不好，我也不想提起她。
这样啊，我看你是生了很大的气呢。
如果你对陆晨荷有好奇的地方，请直接去问她本人吧！
她正和同学们玩得开心呢，不知道会不会顾得上回答你的问题。
啊哈，你是不是觉得被陆晨荷他们抛弃了？
呃！
吓一跳
是、是又怎样。难道我有错么？
谁说什么了？
所以我讨厌陆晨荷。

我讨厌他们。
呜呜——
呜呜
那不是正好么？
我也讨厌那些孩子呢。
咚
咚
呃！
看起来你和我很合得来呢。
吼吼——
这女生是从哪里出来的？另外……

她看起来冷冰冰的，但是真的好漂亮啊。

怎么样，和我联手吧？
你说什么？

有想要的东西去努力争取又没有什么错。不是么？吼吼吼——

还有，如果有人受到大家的欢迎，而我却不能，我当然要讨厌她了，不是么？
嘿嘿

因为她有的我没有呢！
呃……
戳

虽、虽说是
这样……

是吧？我帮你夺
回你的东西，你
也帮助我好了。
什、什么
意思？

你的心中有
恨。只要你
帮助我……

什么？

只要你主动
帮助我……

我就能让你讨厌的
那个女孩子受伤。

* 强迫：施加压力使服从；迫使。

看着我的眼睛。
什么?

虽然白天我的力量弱,
但是控制灵魂的黑魔
法还是足以施展的。
啊……
嘿嘿嘿嘿
咻咻咻咻
啊啊……

瘫软
呃呃——
抓住

不管怎样，
还是按计划行动，
让这女孩落在我们
手里了。
哼，刚才让你帮我
的时候主动配合一些
不就好了。
你说得那么吓人，
人家愿意帮才怪。
本来应该更有趣
的，真可惜。
别担心。

接下来有趣的事情就要开始了。

好戏就要上演啦，吼吼！

那颗宝石已经差不多算是落在我们手里了。

嗯？
转头

嗖嗖嗖
感觉这里气氛有点奇怪。

以后这个女孩子的表情会变得怎么样，真是好期待呢。

吼吼吼吼——

# 两位数加减法

测试 1

晨荷的妈妈给同学们做了点心，可惜太硬了嚼不动，所以她又拿来了一些买的点心给大家吃。晨荷妈妈做的点心加上买来的点心一共有多少块？

（　　　　　　　　　　）

测试 2

道云让晨荷做一道数学题，晨荷做错了。请问这道题的正确答案应该是什么？

（　　　　　　　　　　）

答案见第 135 页

**测试 3**

大浩和二浩再次去扇画片的时候又失误了，算一算大浩和二浩一共被小朋友扇走了多少张画片？

（　　　　　　　　　　　　　　　　）

第2话

# 真实身份被发现

## 学习主题：加法与减法的关系

早呀？
……

？

对了，晨荷，昨天尼路回来了么？
嗯，你们走了以后尼路就回来了。
啊，太好了！我还担心来着，怕尼路不回来了。
哈哈，让他走他都不会走呢。
因为他说过需要我的帮助。

嗯？什么意思？
啊，没什么，没什么。

昨天我心里想着尼路，又给它做了一件衣服，怎么样？

哈哈，尼路一定很喜欢。
还好现在尼路在书包里睡大觉，万幸万幸。
是吗？

呃啊，好想快点给它穿上看看！
哈哈哈——

嗡嗡
嗡嗡

但是，真的做得很好呢。
咻咻咻咻
嘿嘿。

非常好呢。哈哈哈哈——
咻咻咻

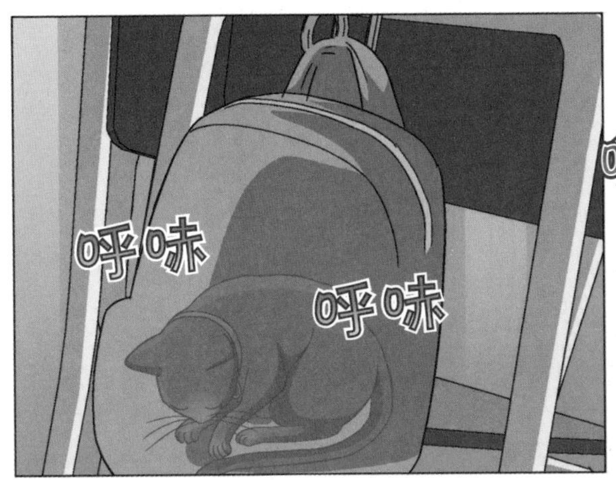
呼味
呼味

嗡嗡嗡
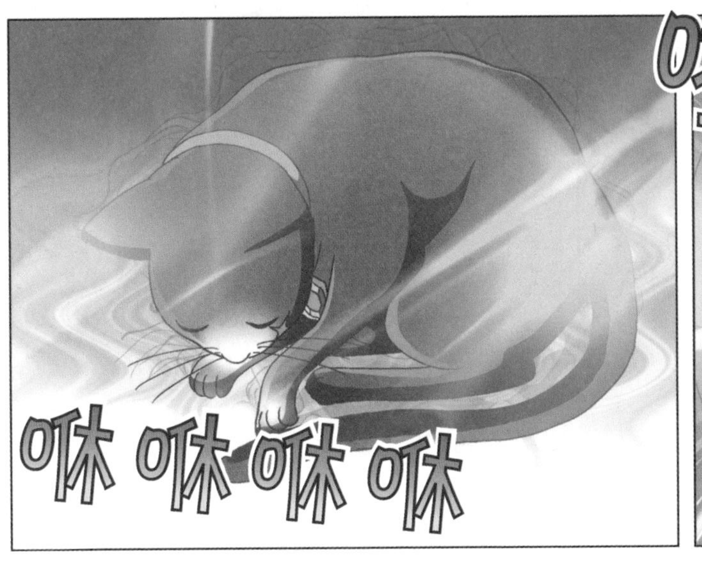
咻咻咻咻
啪啪啪

找到了。

突然

晨荷啊。
？
嘶

把你的数学习题册借给我吧。

啊，在这里，借给你吧。
拿起

不、不是那个……
嘶 嘶

我说的是你书包里的，借给我吧。
拿起
？

不行！

……
咚咚

啊，这个。
嗯？

什、什么啊！
什么情况？
喵？

是只小猫。
好可爱啊——
哇哇哇。
喵——

抓摸
好可爱啊！
抓摸

喵嗷嗷
喵呜——

猛然

伸
手

呃，我该拿
这些孩子
怎么办？
哇啊——

？
抓紧

扯
下
喵嗷！

……
不对！这孩子！

她是昨天躲在墙后面的……

啊？
哒哒哒

晨荷啊！你的朋友拿走了我的宝石！
转头
什么？你说什么？

我先追过去！
啊！
流汗

啊，跑掉了!

……
雅琳她?

哒哒哒哒

体育馆
开门声

呼哧
呼哧

拿出

吼吼——
咣
!

紧急情况下只能先跟过来，不过我应该怎样拿回宝石呢？
发
现

……

抬起
哈，要和我玩玩么？这个桶里面有多少个网球？
网球
39个

哈哈哈！猫咪不但会说话，还会做数学题！

***出、出大事了。刚才没有用念力，而是真的喊了出来。***

测试

**算一算□的数是多少，并填写进去。**

（1）□ −13=34

（2）43+ □ =76

▶ 答案见 71 页

看来你想拿回宝石的心情很迫切啊。
嘻嘻
!!!
你惊讶什么？我已经知道你的真实身份了。

我也知道你不是一只猫咪。
呜呜呜呜呜
这个情况……
!!!
咻咻咻咻咻
原来是美狐的黑魔法！
吼吼
吼吼——

快把我的宝石还给我！
愤怒
我说快点还给我！
哒
哒
哼！
来看看你能不能赢了我这火焰术？
轰轰轰轰
嗷嗷啊啊——
砰

重摔
呃啊！

哈哈哈！怎么样？很疼吧？
呃啊啊——
发抖
发抖

原来你不知道，中了黑魔法的人，可以拥有美狐的一部分力量！
呃呃，没有宝石，我无法变身成人类，也无法施展力量。
出大事了！
吼吼吼——
轰轰轰轰

那我就再来一次攻击！
轰轰轰

呃呃！太迟了，躲不掉了！
轰轰轰

测试答案 （1）47（2）33

轰轰轰轰
?

咣咣咣

危险!

咻-咻-咻-咻
别担心！
没事吧？有没有受伤？

因为担心你，我马上赶过来了。发生了什么事？

雅琳怎么会有这么大的力量呢？
燃烧
燃烧

那不是雅琳的力量，那是美狐的黑魔法。
什么？

轰轰轰轰

咻咻咻咻
雅、
雅琳啊。

半路杀出了个程咬金。
宝石现在在我的手里，而你需要照顾这只猫咪……
亲
从这里可以跑掉吧？
啊！
哒哒哒哒

宝、宝石得找回来啊！绝不能让美狐夺走！
真对不起，是我太大意了，让美狐钻了空子！
呃啊！
颤抖
颤抖
我会找回来的，不要担心。
……
美狐竟然利用了我的朋友。不能饶恕！

体育馆

是这边么？

哎呦
不知道怎么回事，晨荷突然那么着急地跑了出去？

啊！是晨荷！
体育馆
开门

你怎么了？
啊，雨菲啊，你能帮我照看一下尼路么？

啊！尼路受伤了？怎么弄的？
托起
休息一下就好了，拜托你了。

晨荷啊！你要去哪里？
转身
……

啊！尼路
啊——
你要自己去吗？
不行！我说过很
危险啊！
喵呜！
挣扎
挣扎
我去找雅琳……

别担心，我一
会儿就回来。
泰然

晨荷啊……
……

晨荷啊！
哒
哒
喵呜！

我书包里有毯子，先给你盖上，让你暖和一些。
……

喵——
寒冷
啊，好可爱！
尼路正在休息，大家不要打扰它。
伸

我得去晨荷那边看看。
抚摸
别担心，晨荷很快就会回来了。
喵呜！

雅琳、晨荷和道云三个人为什么突然出去了？
嗯？道云也出去了么？
嗯，道云是在你回来之前出去的。
啊，道云好像说要去一趟体育馆。
体育馆？

嗯，刚才体育馆贴出了禁止入内的告示，据说当时在体育馆里的同学听到了奇怪的声音，看到了光……

道云说去拍照片，为了拿摄影大赛的奖。
一抖

晨荷啊！

*痕迹：某物经过后可觉察的形影或印迹（如船的航迹、足迹线或轮辙）。

老师请放过我一次吧！我是为了揭开宝石精灵的真实身份啊！
哒哒哒哒

……
后方观察

呃，是道云啊。光是找雅琳都没那么容易呢……

还是小心不要被道云发现真实身份的好。

哒哒哒

转
？

……

是我听错了吗？
哆嗦
哆嗦

加油！我要快点
找到宝石精灵！
哒
哒
哒
哒

哎呦

好，我再去一
趟看看。
猛地

哒哒哒
喵嗷嗷！
挣扎

尼路啊，你怎么了？不舒服么？
喵嗷！
放开我！我要去找晨荷啊！
挣扎

喵嗷！
晨荷现在很危险啊！
挣扎

喵嗷！
挣
脱

尼路啊！
喵！
哒哒哒

嘤嘤！我答应晨荷要照看好尼路的……

尼路啊——
哒哒哒

……
观察

刚才我明明看到雅琳往这边跑了啊……

蹒跚
蹒跚
那是通往屋顶的门……

……
吱呀呀

咚
!!!
咚

是美狐！
啊！宝石！
递
绝对不能被
抢走啊！
不行！

惊讶
！
吓我一跳！怎么
又是你？

把宝石还给我！
那不是你的！
哼，才不要！

燃烧燃烧
尼路不在，你还想赢我？

燃烧燃烧
让我看看，这次你能躲得掉么？

咻咻
呃啊啊！
突然

吼吼吼！看来躲得不错嘛？
呃——
燃烧
看你能躲到什么时候？

燃烧
呃啊啊！
砰砰
啊！
哒哒
抓住
！
轰
抓到了。
！
轰
现在宝石也在我们手里了！不如我们把这个孩子带走怎么样？
什、什么？
带过来。
嘿嘿，应该很有趣吧？
不、不要！

我说不要啊！
咻咻咻
什么东西？
咬
紧
尼路！
啊啊！
呃啊！
啪
啪

尼路啊！这是怎么回事？你怎么在这里……
然
凛

因为担心你，所以我赶过来了。你一个人怎么行？
转

一会儿再说这些，我们先把你的朋友救回来。

好！

哼！

那就不客气了，先吃我一招！
燃烧

轰隆隆
!
停步
这是什么声音?
转
是从附近传过来的声音，尼路可不能再受伤了啊……

屋顶?

嗯……
轻声

砰
砰
呃！
咻
咻
咻
尼路！你快变身成人发动攻击啊！
我也想啊，可是没有宝石，我没有办法变身。
那我们还是得先找回宝石啊？
是啊，就是这个意思。
呃呃！
雅琳啊，那颗宝石不能留给他们，快扔过来给我！

*魅惑：诱惑，迷惑，被某种事情迷住并左右。

被美狐迷惑的人，一点自己的想法也没有，只会按照美狐的指示行动！

哦吼吼吼吼！你们到现在才发现啊！
吼吼吼

这女孩现在只听我的话。不管你怎么想要说服她都是没有用的！吼吼吼吼！
泰然

看到她胸前的这颗宝石了吧？
光芒
？

这颗宝石原来有自己的美丽的颜色，但是被我魅惑之后……
嘻嘻嘻嘻

她心中的宝石颜色就会一点点变深。
嘶
嘶
嘶
嘶
当颜色完全变成黑色后，她的心就彻底属于我了，那个时候我的力量也会变得更加强大！哈哈哈哈！
抓
不会的！
竟然会这样……
晨荷啊，别过去！
哒
哒
哼！你说要救出这女孩？
我要把雅琳救出来！
燃
烧
能救你就救救看！哈哈哈！

燃烧燃烧
危险啊！
呃啊！
咣

咣当
尼、尼路啊！
燃烧
呜呜……
咻咻咻咻

尼路啊！没事吧？
对不起，你为了救我……
嗯，只是烫了一下。
呜呜——

＊操纵：让他人随自己的心愿行动。

抓住那个女孩！让她无法施展力量！
这次我可不会那么容易被抓到了！
哒哒
呃啊！
觉悟吧！
呜！

攻击吧！宝石的力量！
啪啪啪
惊讶
呃啊！

……
安静
!

嗯?
是这个方法不对么？我应该怎么攻击?
……

发怒
还以为你要发动攻击了呢，吓我一跳！
对、对不起。
指
指
口号错了么？宝石啊，力量永恒？
哎呦。

还是跑吧！你现在还不会自如地使用宝石的力量啊！
可、可是……

哒
哒
!!!

你们觉得，你们能跑得掉么？

燃烧燃烧
!
游戏结束了！我要先教训一下尼路，吃我一记更强力的攻击！
这，太强了，晨荷你赶紧跑！

尼路……
我不会先逃跑的，你是我的朋友。
笨蛋，快跑！

啪啪啪
我一定要把你们救出来！
如果上天选择我是有原因的话……

燃烧燃烧
燃烧
不要啊，晨荷！
就请给我力量吧！
啪啪啪
咣咣咣

呃啊——
呃啊——
轰
轰
轰
轰
太刺眼了，无法看到前面。
呃啊……
就是这个时候！

跳跃
机会就在眼前！

呃呃！
冲击
把宝石还给我！

啊！
不要！
叼住
得
手
我的宝石！

看看吧！
这就是我的宝石的力量！
啪
啪
啪

尼路啊！你没事吧？
嗯，抢回了宝石，真是万幸。
被美狐的火焰伤到的地方，过一段时间就可以恢复了。

哒
哒
讨厌！本来宝石已经被我拿到了。
呃啊！
砰
砰
现在是白天，而且宝石又回到了我的手上。
你还要继续和我打吗？
咣
咣
咣
咣
现在这种情况对我们很不利，我们撤吧。
不要！我要抢到那颗宝石！

如果把我们的
力量合起来，那
尼路他们……
闪
你们别忘了，
还有我的宝石
的力量呢！
现在我们的力
量可不会输给
你们。
闪
耀
呃呃！
我们还是
撤退吧。
等着瞧，我一定会
让你们后悔的！
消
失
我一定会再
回来的！

嗡嗡嗡嗡

嗯……

啊啊……
瑟瑟
雅、雅琳啊！
虚脱
……
别担心，美狐的黑魔法消失后，她会有一小段时间失去意识。
啊……

那现在雅琳不会有事了吧？

嗯，美狐回去了，她会找回自己的意识的。

真是万幸！
哎呦

现在她要醒过来了吗？
嗯……

吧唧
嗯，面包。
吧唧
吧唧，吧唧。
嗯，真没想到美狐会利用我的朋友呢。
呼，不管怎样，宝石找回来了，真是万幸啊。
她这是睡着了吗？
嗯啊嗯
翻身

他们是非常危险的敌人，以后不管怎样，我们万事都要小心了！
嗯……
为什么我身上会发生这样的事情呢？怎么也想不通啊。
咻咻咻咻
我没有想到有一天，我会在我的日记本上，记录下发生在我身上的这么大的事情。

屋顶被弄得一片狼藉……
以后，我身上还会发生怎样的事情呢？

还好，这场骚动没有惊动到别人。
嗯，万幸啦！
本来还有点担心。
道云一直说要找到宝石精灵，为此下了好大功夫呢。
到现在应该还没有发现什么吧。嗯？
道云在那个楼里面？
看
什么？
哎哎哎

他去了对面的
楼里啊！
看来真的很
下功夫跑呢。
他那么想见到
宝石精灵啊。
其实都不用找，
就在身边呢。
不管怎样，
还是不能让他
发现我的真实
身份。
转
啊！找到了！
?!
惊

宝石精灵！

……
我知道你在那股烟的后面！

这里烟气很浓，他连我们的背影也看不到。快走吧。
嗯，嗯。
怦怦
怦怦

等一下！别走啊！
!!!
我有话要和你说！
……

呃！看不清楚啊。
嗖
嗖
嗖

宝石精灵……

从我看到你的宝石的样子后就确信你这个人的存在了！
还有，我会让别人也相信的！
我要告诉所有人！
我一定要用我的相机拍到你的样子！

拍到你的样子，是我现在的梦想！
……
怦怦
别看那边，我们走吧。
啊……
点头
嗯……
怦怦
怦怦
不知道宝石精灵听清楚了没有。
消失
可是，在她旁边的男生是谁呢？

他没准会找过来，我们快把这个女孩送到医务室去吧。
我一个人可以带雅琳过去，尼路你还是变回你原来的样子吧。
我、我这样子怎么了？

这个样子可是我们伟大的太阳一族……

我知道啦！你快先回教室吧。
我说我一个人可以把雅琳带到医务室呀。
发怒
嗯，看起来确实很能干。

那接下来的事情就交给你了。
嗯，你快走吧。

你做宝石精灵很吃力吗？
转头

!

……
咚
咚

呃……

?
转头
你是?

雨菲啊！
晨、晨荷！
咻
咻
咻
咻
咻
咻
咻
咻

雨菲啊，
这是……
所以……
现在这是……
出大事了！让
雨菲……
咻咻咻咻
发现了我的
真实身份！
被发现真实身份的晨荷，发现了惊人秘密的雨菲！
这两个人的身上，接下来会发生怎样的事情呢？

# 加法与减法的关系

测试 1

体育馆既有篮球也有排球。雅琳先用所有篮球攻击了尼路，剩下的排球一共有多少个?

(　　　　　　　　)

测试 2

道云为了寻找宝石精灵的痕迹，在体育馆和屋顶都拍了照片。道云在体育馆拍的照片一共有多少张?

(　　　　　　　　)

答案见第 135 页

## 测试 3

雨菲寻找尼路的时候，在屋顶附近听到了奇怪的声音。因为担心尼路，雨菲决定去屋顶看一看。通往屋顶的台阶一共有多少级？

（　　　　　　　　　　　　）

# 讲故事 学数学

## 故事 1 数的分解和组成

**1.** 道云给晨荷挑选出来现在可以做的5本习题册，晨荷把5本习题册分解成了下图中的数量，请在□中填写正确数字。

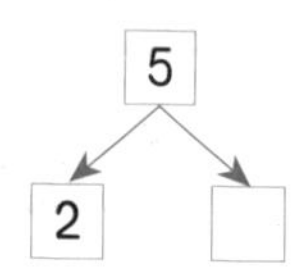


**2.** 雨菲给尼路做了2套连衣裙和4件上衣。雨菲做的连衣裙和上衣，数量一共是多少？

（　　　　　　　　　　　　）

答案见第 135 页

## 故事 2 加法运算

**3.** 晨荷把准备送给雨菲的 4 个发卡和 3 个橡皮筋放到了一个小盒子里。小盒子里的发卡和橡皮筋数量一共是多少？

（　　　　　　　　　　　　　　　）

**4.** 阅读下面对话，算一算晨荷一共有多少本习题册。

（　　　　　　　　　　　　　　　）

# 讲故事 学数学

**5.** 看下图，算一算美狐一共吃了多少块糖。将算式和答案都写下来。

算式（　　　　　　　　　　　　　　　　　　）

答案（　　　　　　　　　　　　）

**6.** 晨荷去花店买了 6 枝百合和 2 枝玫瑰，晨荷买的百合和玫瑰一共有多少枝？

（　　　　　　　　　　　　）

**7.** 晨荷妈妈想做咖喱饭，准备了 6 个土豆和 3 个洋葱。请计算晨荷妈妈准备的土豆和洋葱的数量一共有多少？

（　　　　　　　　　　　　）

答案见第 135 页

## 故事 3 减法运算

**8.** 雨菲一共有 9 粒扣子，其中 5 粒用到了尼路的衣服上，问剩下多少粒扣子？

（　　　　　　　　　　　）

**9.** 雅琳买了 7 块巧克力，想要送给同学。妹妹世林想吃，但是雅琳没有给。雅琳手里还有多少块巧克力？请写下算式和答案。

算式（　　　　　　　　　　　）

答案（　　　　　　　　　　　）

# 讲故事 学数学

## 故事 4 用□做加减法算式

**10.** 看下图，写下有□的加法算式，并计算□的答案，看心形盒子中装多少巧克力？

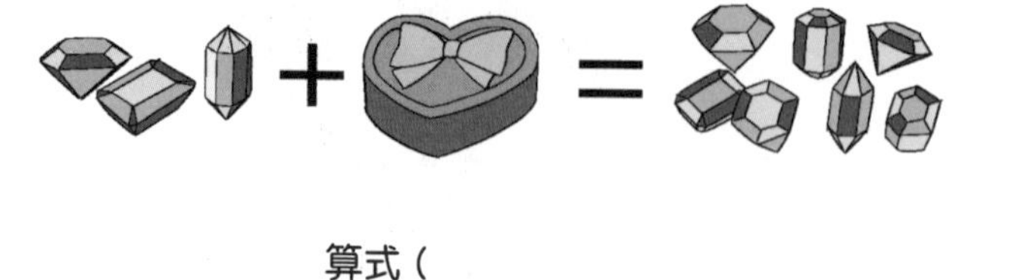

算式（　　　　　　　　　　　　　　　　）
答案（　　　　　　　　　　　　　　　　）

**11.** 阅读右侧对话，写下有□的算式，计算少了多少个猫罐头，并计算□的答案。

算式（　　　　　　　　　　　　　　　　）
答案（　　　　　　　　　　　　　　　　）

答案见第 135 页

## 故事 5 加法中调换两个加数的位置

**12.** 晨荷和雨菲每天都去操场跑步。晨荷昨天跑了 3 圈，今天跑了 4 圈。雨菲昨天跑了 4 圈，今天跑了 3 圈。晨荷 2 天跑了多少圈，雨菲 2 天跑了多少圈？

晨荷（　　　　　　　　　　）

雨菲（　　　　　　　　　　）

**13.** 运动会那天，在丢沙包的项目上，道云丢了 5 个蓝色的沙包和 3 个红色的沙包，雅琳丢了 3 个红色的沙包和 5 个蓝色的沙包。谁丢的沙包更多？

（　　　　　　　　　　）

# 讲故事 学数学

## 故事 6 两位数加减法

**14.** 道云昨天拍了 26 张照片，今天拍了 13 张照片。请问，道云昨天和今天一共拍了多少张照片？

（　　　　　　　　　　）

**15.** 妈妈看到晨荷学习非常努力，给她做了 16 个曲奇饼和 12 个小蛋糕。算一算妈妈做的曲奇饼和小蛋糕一共有多少个？

（　　　　　　　　　　）

答案见第 135 页

**16.** 晨荷和雨菲为了给尼路买食物，来到了宠物食品店。店里有猫粮 36 袋，狗粮 53 袋。算一算店里的猫粮和狗粮数量一共是多少？

（　　　　　　　　　　）

**17.** 东方在真收到了 56 封来自粉丝的信，32 张明信片。东方在真收到的信和明信片数量一共有多少？

（　　　　　　　　　　）

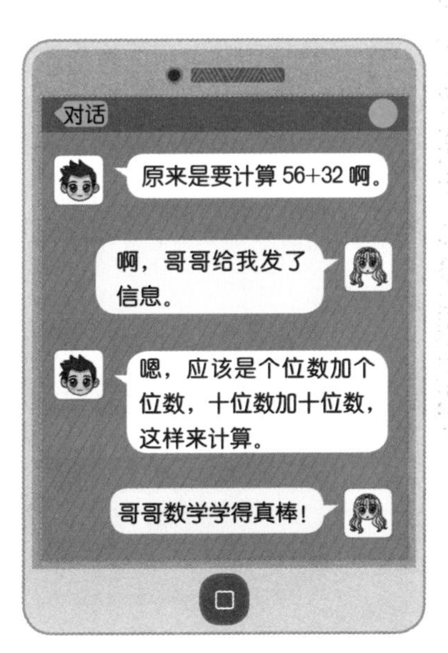

# 讲故事 学数学

## 故事7 两位数加减法

**18.** 美狐这一段时间一共抢来 33 颗宝石。她把其中 12 颗放到了盒子中。没有放到盒子中的宝石有多少颗？

（　　　　　　　　　　　　　　　）

**19.** 晨荷和道云一起去书店，发现童话书 25 本，百科词典有 13 本。童话书比百科词典多多少本？

（　　　　　　　　　　　　　　　）

答案见第 135 页

**20.** 雨菲给尼路做衣服，用了 37 张布料和 15 颗珠子。问布料的数量比珠子的数量多多少？

（　　　　　　　　　　　　　　）

## 故事 8　3 个数的计算

**21.** 尼路把雨菲做的 9 套衣服中的 2 套藏在了床底下，4 套藏在了衣柜里。还有多少套没有被藏起来？

（　　　　　　　　　　　　　　）

# 讲故事 学数学

**22.** 尼路为了帮助晨荷，越过了学校的围墙。把尼路跳跃过的墙上的数字中相加等于 8 的三个数字圈起来。

**23.** 雅琳为了见同学，去乘坐公交车。车上原本有 3 个人，第一站上来了 5 人，下了 4 人。请问现在车上有多少人？

（　　　　　　　　）

**24.** 雅琳想要送玫瑰花给同学，哪一边玫瑰花更多呢，请圈出来。

（　　　　）（　　　　）

答案见第 135 页

## 故事 9 加法与减法的关系

**25.** 尼路饿了，晨荷给他准备了 15 根香肠和 12 个面包。请用晨荷给尼路准备的食物的数量进行加法计算后，再进行减法计算。

**26.** 晨荷在秘密日记里写了关于尼路的内容。请问这些内容写在了第几页？

（　　　　　　　　）

# 数学 知识百科词典

## · 很久以前的人们怎样描述数字？

感冒后有时候会感觉到“全身都不舒服”，此处的“全”字就是 100% 的意思。

新的千年刚开始的那一年出生的宝宝，叫做千禧宝宝。此处的千就有数字 1000 的意思。

“百万次”这个词中，万是 10000 的意思，百万次就是 10000 次的 100 倍，形容非常多。

表现数量的时候，我们常说的十来个，其实是比 10 个多一点的意思。

下面展示了古代和现代一部分用来计量的单位。

对：2 个

两：50 克

斤：500 克

斗：10 升

石：10 斗

打：12 个

公斤：千克，2 斤

表示数字的词

十⇨ 10

百⇨ 100

千⇨ 1000

万⇨ 10000

亿⇨ 100000000

兆⇨ 1000000000000

**测试**

下面这些选项中最大的数字是哪个？

A．十来个　　B．百　　C．千　　D．万

（　　　　）

# 答案与解析

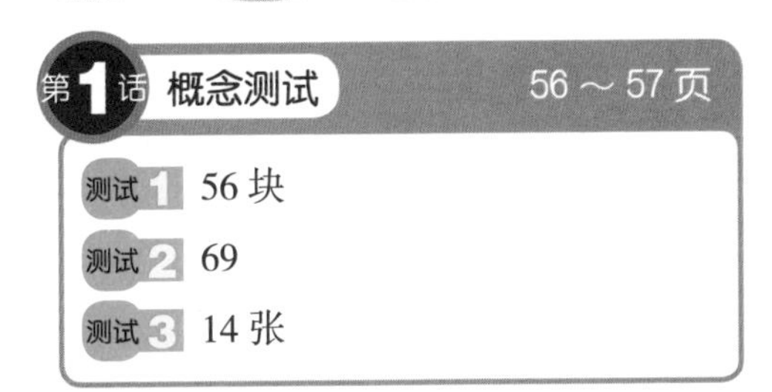

第1话 概念测试 56 ~ 57 页

测试1 56 块

测试2 69

测试3 14 张

解析

1. （晨荷妈妈制作的点心数）+（买来的点心数）=32+24=56（块）
2. 个位数与个位数相加，十位数保持不变。⇨ 67+2=69
3. （一开始就有的画片数量）–（剩下的画片数量）=45–31=14（张）

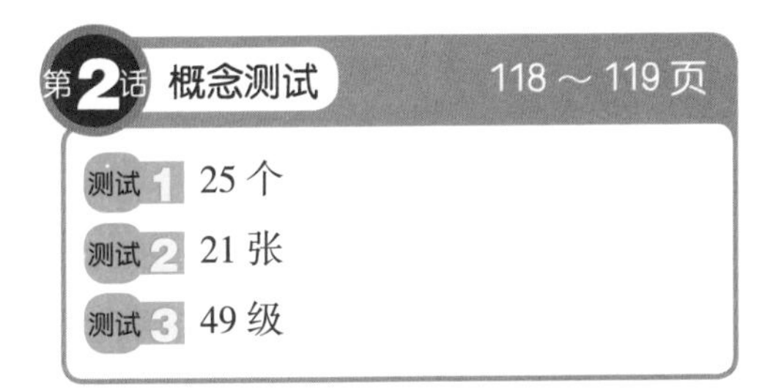

第2话 概念测试 118 ~ 119 页

测试1 25 个

测试2 21 张

测试3 49 级

解析

1. （篮球的数量）+（排球的数量）=（全部球的数量）

   33+ □ =58 ⇨ 58–33= □ , □ =25

   所以排球一共有 25 个。
2. （体育馆拍摄的照片数量）+（屋顶拍摄的照片数量）=（全部照片数量）

   □ +18=39 ⇨ 39–18= □ , □ =21

   所以在体育馆里拍摄的照片是 21 张。
3. （通往屋顶的全部楼梯数）–（已经走过的楼梯数）=（剩下的楼梯数）

   □ –29=20 ⇨ 20+29= □ , □ =49

   所以通往屋顶的全部楼梯有 49 级。

讲故事 学数学 120 ~ 131 页

1. 3
2. 6
3. 7
4. 8
5. 3+5=8, 8 块
6. 8 枝
7. 9 个
8. 4 粒
9. 7–0=7；7 块
10. 3+ □ =7；4
11. 9– □ =4；5
12. 7 圈，7 圈
13. 两个人丢出的沙包数量一样
14. 39 张
15. 28 个
16. 89 袋
17. 88
18. 21 颗
19. 12 本
20. 22
21. 3 套
22. 2,5,1 上画○
23. 4 人
24. 9–4+3 上画○
25. 27；27–12=15 27–15=12
26. 43 页

解析

1. 5 可以分解成 2 和 3。
2. 2 和 4 的和是 6，所以雨菲给尼路做的衣服数量一共是 6。
3. 4+3=7

4. 8+0=8，0是什么都没有的时候的数字，任何数字加上0结果还等于这个数。

5. 3+5=8（块）

6. 6+2=8（枝）

7. 6+3=9（个）

8. ○○○○○⊘⊘⊘⊘⊘

⇨9−5=4（粒）

9. （某数）−0=（某数），所以 7 − 0 = 7

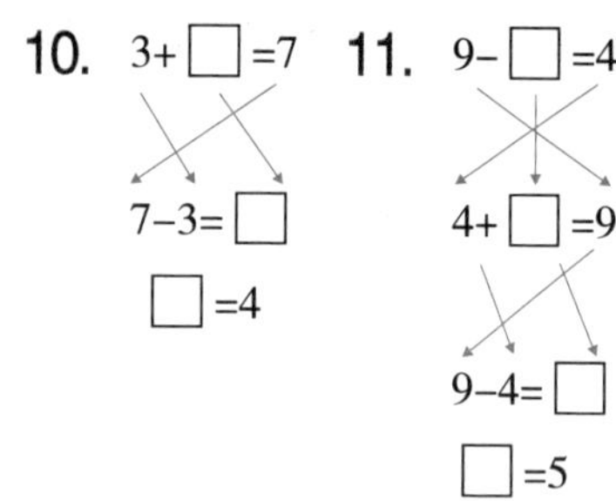

10. 3+□=7

7−3=□

□=4

11. 9−□=4

4+□=9

9−4=□

□=5

12. 在加法计算中，更换两个加数的位置，和不变。

13. 道云：5+3=8（个）

雅琳：3+5=8（个）两人丢的沙包数相同

14.
```
   26
+  13
-----
   39
```

15. 16+12=28（个）

16. 36+53=89（袋）

17. 56+32=88

18.
```
   33
−  12
-----
   21
```

19. 童话书比百科辞典多 25−13=12（本）。

20. 布料比珠子多用 37−15=22

21. 减两个数的算式如下9−2−4=3（套）

7

3

22. 2+5+1=8，因此和是 8 的三个数是 2,5,1

23. 3+5−4=4（人）

8

4

24. 9−4+3=8　9−5+2=6

⇨8 > 6，所以在 9−4+3 那一边画○。

25. 15+12=27　　15+12=27

27−12=15　　27−15=12

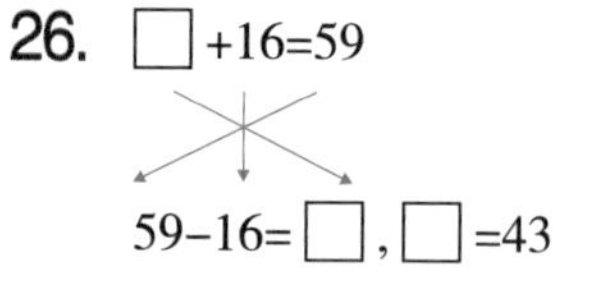

26. □+16=59

59−16=□，□=43

⇨所以，晨荷日记上记录了尼路的内容在第 43 页。

数学知识百科词典　134 页

D

解析

A. 十来个：比十个多一些

B. 百：100

C. 千：1000

D. 万：10000

## 有趣的数学旅行 读者群：7~14 岁

◆ 韩国数学知识趣味类畅销书No.1

◆ 韩国伦理委员会“向青少年推荐图书”

◆ 20年好评不断！持续热销100万册、荣登当当少儿畅销榜

◆ 荣获韩国数学会特别贡献奖、韩国出版社文化奖、首尔文化奖等多项重量级大奖

◆ 中国科学院数学专家、中国数学史学会理事长李文林，著名数学家、北大数学科学院教授张顺燕，北京四中、十一学校、八十中学等名校数学特级教师倾情推荐

◆ 2011年理科状元、奥数一等奖得主称赞不已

ISBN 978-7-5108-3162-1

畅销经典

全系列共 4 册

定价：148.00 元

**有趣的数学旅行 1** 数的世界

那些极有个性的数字组成的问题和有趣的解题过程！
让我们扬帆起航，去寻找数学中的奥秘！

**有趣的数学旅行 2** 逻辑推理的世界

历史与生活中蕴含着推理的错误，让我们寻找一个合理的思考方式，打下扎实的基础，进行一次有趣的头脑训练吧！

**有趣的数学旅行 3** 几何的世界

学习几何学的历史，洞察几何学原理，通过生活中的几何问题培养直观的数学能力！

**有趣的数学旅行 4** 空间的世界

数学创造出各种各样的空间，让我们一起去探索隐藏其中的数学秩序吧！
在多种空间组成的谎言中寻找数学的真理！

ISBN 978-7-5108-3161-4
9 787510 831614

畅销经典

全系列共 4 册

定价：155.00 元

## 奥德赛数学大冒险 读者群：8~14 岁

◆ 8～14岁孩子喜欢的数学冒险小说

◆ 韩国畅销八年，韩国仁川小学、广运小学、新远中学等重点中小学数学老师纷纷推荐的课外必读书

◆ 北京人民广播电台金牌少儿节目主持人小雨姐姐、中国科普作家协会石磊大力推荐

◆ 涵盖小学二年级到中学二年级的重要数学概念，数学知识加上趣味故事的奇妙组合，让孩子们学起数学来事半功倍

◆ 小贴士、大讲座，幽默讲述数学历史和常识，让数学好学又好玩